ALBERT EINSTEIN

El genio tras la teoría de la relatividad

Por Julie Lorang
Traducido por Laura Soler Pinson

Historia · en50MINUTOS.es

ALBERT EINSTEIN

- **¿Nacimiento?** El 14 de marzo de 1879 en Ulm (Alemania).
- **¿Muerte?** El 18 de abril de 1955 en Princeton (Estados Unidos).
- **¿Principales descubrimientos?** Las teorías de la relatividad especial o restringida (1905) y general (1915) con la fórmula $E = mc^2$.
- **¿Repercusiones de los descubrimientos?**
  - Einstein cambió por completo nuestra concepción de las nociones de espacio y tiempo (introduciendo la idea de agujeros negros, de una cuarta dimensión, etc.);
  - Participó en el desarrollo de la fisión nuclear e informó al presidente estadounidense Franklin Roosevelt de que era posible fabricar una bomba atómica;
  - Revolucionó el campo de la física abriendo nuevas áreas de estudio: la física nuclear y la física de las partículas elementales.

Todo el mundo ha escuchado hablar de Albert Einstein, un nombre que ha superado con creces el ámbito de la física: se ha convertido en el símbolo del talento por excelencia, pero también del sabio excéntrico y rebosante de humor. ¿Cómo podemos explicar el hecho de que este científico sucesivamente alemán, suizo y estadounidense, que nos ha dejado la celebérrima fórmula $E = mc^2$, sea una de las figuras históricas más importantes del siglo XX? Para entender la fabulosa personalidad de Albert Einstein, debemos volver a sumergirnos en un siglo tormentoso y comprender cómo sus ideas científicas y políticas, particularmente modernas, transformaron la mentalidad y nuestra concepción del mundo.

Albert Einstein, científico brillante, hace saltar por los aires los modelos tradicionales heredados de las figuras más importantes de la física, desde Aristóteles (384-322 a. C.) hasta Isaac Newton (1642-1727), pasando por Galileo (1564-1642). Sus teorías de la relatividad especial y general revolucionaron las nociones de espacio y tiempo, y sentaron las bases de la física moderna. En 1921, obtuvo el Premio Nobel de Física con su trabajo sobre la naturaleza corpuscular de la luz, un tema considerado menos subversivo que la teoría de la relatividad, que en el momento de la entrega de premios era motivo de debate.

No obstante, Albert Einstein también se erigió como figura emblemática por su identidad y sus compromisos políticos y filosóficos. Judío, alemán, pacifista, comunista y sionista, el físico vivió los grandes acontecimientos de la historia del siglo XX, y sus posturas determinadas lo convierten en un personaje particularmente moderno.

UNA BREVE HISTORIA SOBRE LA FÍSICA

A lo largo de toda la historia, los pensadores y los científicos más importantes, como Einstein, han intentado resolver los misterios del universo y han ofrecido respuestas muy diferentes a los mayores fenómenos naturales.

ARISTÓTELES Y LAS CIENCIAS DE LA NATURALEZA

Aristóteles es uno de los intelectuales más importantes y más famosos de la antigua Grecia. No solo es el padre de las ciencias de la naturaleza (*physis* significa «naturaleza» en griego; un concepto que en aquella época agrupa la biología y la física), sino también de la metafísica, que busca las causas de la existencia de nuestro universo. Elabora conceptos basados en el principio de la lógica y, principalmente, del silogismo, que consiste en un razonamiento lógico compuesto por dos proposiciones que llevan a una conclusión lógica.

UN EJEMPLO DE SILOGISMO

A continuación, te presentamos un ejemplo muy conocido de silogismo: todos los hombres son mortales; Sócrates es un hombre; por lo tanto, Sócrates es mortal. Evidentemente, para que el silogismo sea correcto, hay que seguir un razonamiento lógico.

Para Aristóteles, todo ser natural, sea cual sea, está constituido por los cuatro elementos básicos (tierra, aire, agua, fuego), mientras que los cuerpos pesados, como las estrellas y los planetas, están compuestos por éter, una sustancia divina. Aristóteles también expone el modelo geocéntrico: sitúa la Tierra, inmóvil, en el centro del universo, estable e inmutable con astros que efectúan movimientos circulares perfectos a su alrededor. La Iglesia retoma este modelo, ya que coloca al hombre en el centro del universo y, por lo tanto, en el centro de la creación divina.

Igualmente, Aristóteles considera que existe una separación clara entre cielo y Tierra, ya que ambos tienen comportamientos diferenciados por la naturaleza de los compuestos que los conforman: los compuestos pesados, como la tierra y el agua, tienen un movimiento natural que los dirige hacia el centro del planeta según su masa, mientras que los compuestos ligeros, como el fuego o el aire, tienden a dirigirse hacia el cielo.

GALILEO Y EL HELIOCENTRISMO

Galileo pone en entredicho algunos conceptos aristotélicos e inicia el camino a una física más científica. En efecto, gracias a la observación de la naturaleza y no solamente a la simple lógica, demuestra que Aristóteles se equivocaba cuando afirmaba que los compuestos caían hacia la superficie terrestre más o menos rápido según su masa. En relación a esto, cuenta la leyenda que el científico habría reunido a los profesores de la Universidad de Pisa a los pies de la famosa torre y que habría arrojado dos objetos con diferente masa que habrían llegado al suelo a la vez; así se habría confirmado su teoría.

A pesar de la importancia de este descubrimiento, Galileo debe su fama sobre todo al hecho de haberse enfrentado al geocentrismo de Aristóteles, idea que la Iglesia católica retoma, y haber optado por el heliocentrismo. Con el desarrollo del telescopio, que permite observar los astros de más cerca, Galileo constata que la Vía Láctea está conformada por numerosas estrellas y que ciertos planetas, como Júpiter, se sitúan en el centro de minisistemas, un acontecimiento que anuncia tras haber establecido el paralelismo entre los satélites que giran alrededor de un planeta y nuestro sistema solar. Aún más importante: el astrónomo italiano percibe que la Tierra no está en el centro del sistema, sino que gira alrededor de él... Esto causa un gran impacto en las mentes moldeadas por la religión de la Edad Moderna.

Un científico perseguido por la Iglesia

Galileo mantiene algunas discrepancias con la Iglesia por su teoría del heliocentrismo, que sitúa al sol en el centro del universo. La Inquisición también lo condena a no enseñar nunca más esa teoría, antes de obligarlo a exponerla como una simple hipótesis paralela al modelo aristotélico. Sin embargo, Galileo desobedece y logra demostrar el movimiento realizado por la Tierra. El astrónomo, que se arriesga a acabar en la hoguera, probablemente jamás pronuncia las famosas palabras *«Eppur si muove»* («Y, sin embargo, gira»), pero aun así, es condenado a un arresto domiciliario. La Iglesia no rehabilita oficialmente al científico hasta 1992, bajo el pontificado de Juan Pablo II (1920-2005).

NEWTON Y LA GRAVEDAD

Isaac Newton sigue siendo en la actualidad uno de los científicos más importantes de la historia por su descubrimiento del principio de gravedad que, según la leyenda, habría surgido tras la caída de una manzana. Gracias al desarrollo del cálculo diferencial e integral que se requiere para corroborar su teoría, Isaac Newton demuestra que existe una fuerza de gravedad que atrae todos los cuerpos de manera proporcional a su masa respectiva e inversamente proporcional al cuadrado de la distancia que los separa. Así, la caída de los cuerpos se debe a una fuerza, no a su naturaleza intrínseca, como pensaba Aristóteles, y esta fuerza puede calcularse con la siguiente fórmula:

$$F = G\,\frac{m1 \times m2}{d^2}$$

Esta fórmula expresa en newtons el hecho de que dos cuerpos de masas m1 y m2 se atraen con una fuerza F, que es proporcional al producto de su masa e inversamente proporcional al cuadrado de la distancia d que los separa. La letra G simboliza, por su parte, la constante de gravitación, que equivale a $6{,}667 \times 10^{-11}$.

A partir de 1684, Isaac Newton utiliza el principio de

gravedad para cuestiones sobre astronomía, y calcula la trayectoria elíptica —y no esférica— de los planetas alrededor de su sol. En su obra *Principios matemáticos de la filosofía natural* (1687), publica varias leyes fundamentales para la continuación del desarrollo de la física. Entre otros, enuncia el principio de inercia, afirmando que el estado natural de un cuerpo es el reposo, y explica algunos movimientos, como la reacción de un cuerpo ante una fuerza externa. La física newtoniana es vital, puesto que permite explicar fenómenos que en aquel momento todavía resultan misteriosos, como el movimiento de los planetas y de sus satélites, de las mareas, etc.

LA VIDA DE ALBERT EINSTEIN

Einstein fotografiado mientras daba una clase en Viena, en 1921.

UN ESTUDIANTE REBELDE

Albert Einstein nace el 14 de marzo de 1879 en el seno de una familia burguesa en Ulm, una pequeña ciudad de Baviera. Hermann Einstein (1847-1902), que dirige una empresa de venta de aparatos eléctricos, y Pauline Koch (1858-1920) son de origen judío, pero apuestan por una educación laica para que su hijo Albert y su hija Maria (a menudo llamada Maja, 1881-1951) puedan ascender en la sociedad alemana.

En la escuela, aquel al que pronto se considerará un genio no se muestra particularmente precoz, y su marcada personalidad le granjea numerosos problemas de disciplina en un sistema escolar prusiano muy estricto y autoritario. A Albert Einstein le cuesta encontrar su sitio en una Alemania nacionalista, que ya es presa de un antisemitismo latente. Cuando sus padres deciden seguir sus negocios en Italia en 1894, el joven adolescente ve la oportunidad para romper con lo que tanto odia: abandona la escuela en pleno año escolar y renuncia a su ciudadanía alemana para convertirse en apátrida.

Tras un primer fracaso, finalmente obtiene el título de bachiller en Suiza, donde el sistema escolar le ofrece una mayor libertad. Albert Einstein se matricula entonces en la prestigiosa Escuela Politécnica de Zúrich, en 1896. Aunque los profesores lo consideran indisciplinado, brilla por su inteligencia y por su facilidad para aprender. En este lugar conocerá a su futura mujer, Mileva Maric (1875-1948), una joven serbia ortodoxa que también estudia física.

LOS AÑOS DE DIFICULTADES

En 1900, Albert Einstein termina de manera brillante sus estudios de física, pero su fuerte personalidad genera desconfianza en los profesores de la Escuela Politécnica; todos los puestos de asistente que solicita le son denegados sin mayor explicación. El joven titulado, que obtiene la nacionalidad suiza (1901) en esta época, sobrevive gracias a las clases particulares que da.

Las dificultades de Albert Einstein también abarcan el ámbito personal en este principio de siglo XX. Mileva Maric se queda embarazada, pero la pareja todavía no está casada. Así, vuelve a Serbia para dar a luz junto a sus padres. Allí nace una niña, llamada Lieserl, en 1902, pero su rastro se pierde poco después. La existencia de este bebé, mencionada en la correspondencia de Mileva, solo fue revelada tras la muerte del físico, y ha alimentado los rumores más inauditos. ¿Se dio en adopción a Lieserl o murió poco después de su nacimiento? A día de hoy, el misterio sobre el primer hijo de la pareja Einstein sigue sin respuesta.

Por fin, en 1904, Einstein ve la luz y obtiene un puesto de experto en la Oficina de Patentes de Berna gracias a su fiel amigo Marcel Grossmann (matemático húngaro, 1878-1936). Ese mismo año se casa con Mileva Maric, desoyendo a sus padres. Nacerán dos niños de este matrimonio: Hans Albert (1904-1973) y Eduard (1910-1965). El benjamín de la familia Einstein sufre de esquizofrenia y terminará tristemente sus días en un hospital psiquiátrico.

1905, EL AÑO MILAGROSO

El año 1905 es el de la efervescencia intelectual y el del reconocimiento para Albert Einstein. En efecto, en pocos meses, redacta al menos cuatro artículos que serán publicados en el periódico *Annalen der Physik*, en los que aparecen la teoría de la relatividad especial y su estudio sobre el efecto fotoeléctrico, que revolucionarán la física y nuestra concepción del mundo.

Sus trabajos causan una fuerte impresión en los grandes centros universitarios y le permiten abrazar de lleno una carrera de físico: se convierte en doctor de la Universidad de Zúrich en 1906 y es recibido con los mayores honores en cualquier rincón del mundo.

EINSTEIN, UNA SUPERESTRELLA

Se abre un nuevo capítulo para Albert Einstein, que ahora es una figura científica puntera que goza de una gran fama. En 1911, representa al Imperio austrohúngaro en la Cumbre Mundial de Física del Congreso Solvay, que se celebra en Bruselas, donde se codea con los físicos más importantes de la época.

Albert Einstein (de pie, a la derecha) en la Cumbre de Física de 1911. Foto tomada por Benjamin Couprie.

De ahí en adelante, varias universidades de renombre le proponen un puesto. Así, enseña en la Universidad Alemana de Praga en 1911, antes de tomarse la revancha convirtiéndose en profesor en la Escuela Politécnica de Zúrich en 1912. Al año siguiente, Albert Einstein regresa a su país natal y se instala en Berlín, donde es nombrado director del Instituto Kaiser Wilhelm de Física.

Su carrera y sus numerosos viajes acaban con el matrimonio de Albert y Mileva, que se separan en 1914. Cinco años más tarde, el físico se casa con su amante, Elsa Löwenthal (1876-1936), que no es otra que su prima.

Einstein continúa sus investigaciones y completa la teoría de la relatividad especial, exponiendo su teoría de la relatividad general. En 1921, su trabajo sobre el efecto fotoeléctrico es agraciado con la mayor distinción: el Premio Nobel de Física.

EL AUGE DEL NAZISMO Y LA HUIDA HACIA ESTADOS UNIDOS

Tras la Primera Guerra Mundial (1914-1918), el antisemitismo cobra más importancia en Alemania y, de nuevo, Albert Einstein es víctima de sus orígenes. Este rechazo lleva al científico a acercarse a una comunidad judía a la que apenas conoce y a empezar a comprometerse políticamente militando a favor de la creación de una tierra judía en Palestina. En 1921, efectúa una gira mundial para recaudar fondos para la creación de una universidad hebrea en Jerusalén, de la que se convierte en miembro directivo en 1925.

Con la ascensión al poder del partido nazi de Adolf Hitler (1889-1945) en 1933, Albert Einstein se convierte en uno de los objetivos prioritarios del régimen y se ve obligado a huir de Alemania. Se instala primero en Bélgica, en De Haan, antes de abandonar definitivamente Europa y dirigirse hacia Estados Unidos, donde enseña en la Universidad de Princeton. Aterrorizado por los acontecimientos que estremecen al Viejo Continente, el científico redacta una carta al presidente Franklin Roosevelt (1882-1945) en 1939, en la que le insta a iniciar investigaciones sobre la bomba atómica. Esta misiva tendrá un impacto catastrófico en la historia, puesto que derivará en los bombardeos de Hiroshima y de Nagasaki el 6 y el 9 de agosto de 1945.

Bomba atómica que explotó sobre Nagasaki, el 9 de agosto de 1945.

Albert Einstein, nacionalizado estadounidense en 1940, pasará el resto de su vida militando a favor del pacifismo. A pesar de su compromiso político, el físico rechaza la propuesta que se le hace en 1952 para que presida el recién creado Estado de Israel.

Muere el 18 de abril de 1955 de una rotura del aneurisma abdominal y fallece en el hospital de Princeton. Es incinerado y se esparcen sus cenizas en Delaware (estado de la costa este de los Estados Unidos).

Tras el fallecimiento de Albert Einstein, el médico forense Thomas Harvey extrae, de forma secreta, el cerebro del físico para estudiarlo e intentar descubrir el misterio de su inteligencia excepcional. El asunto será desvelado en la prensa unos veinte años más tarde y tiene un gran eco. No obstante, habrá que esperar aún algunos años antes de que Harvey acepte comunicar los resultados de su investigación y proponga a otros científicos que continúen su estudio. Finalmente, se llega a la conclusión de que el órgano no presenta ninguna especificidad. ¿El origen de esta mente brillante residiría en la curiosidad de este hombre?

LAS INVESTIGACIONES MÁS IMPORTANTES Y LAS LUCHAS DE ALBERT EINSTEIN

EL PADRE DE LA FÍSICA MODERNA...

Albert Einstein trastoca la física moderna gracias a las teorías de la relatividad especial y general. Así, abre la senda a la física del siglo XX y a un mundo vibrante y sorprendente.

La teoría de la relatividad especial

En el año 1905, Einstein publica cuatro artículos revolucionarios en la revista *Annalen der Physik*. El más importante de estos trabajos habla acerca de la teoría de la relatividad especial, que pone realmente a prueba nuestra percepción del universo.

El postulado fundamental de la teoría de la relatividad es que las leyes de la física son las mismas para todos los observadores en movimiento, sin importar su velocidad de desplazamiento. Por ejemplo, si situamos una mesa de pimpón en un tren en marcha, los observadores que se encuentren en el tren o que se hayan quedado en el andén verán cosas muy diferentes: la persona en el andén verá que la pelota de pimpón rebota mientras recorre varias decenas de metros a una gran velocidad, mientras que el individuo que está de pie en el vagón, cerca de la mesa, verá que solo se mueve unos centímetros a una velocidad mucho menor. Por lo tanto, estos dos observadores constatan dos realidades completamente distintas que únicamente pueden explicarse a través de la relatividad de su experiencia.

Pero Albert Einstein va incluso más lejos, revolucionando los conceptos de espacio y de tiempo absolutos; al hacerlo, pone en entredicho la idea de un sistema de referencia único e idéntico para cada observador.

Albert Einstein afirma que el tiempo está intrínsecamente ligado al espacio para formar lo que llamamos espacio-tiempo, una matriz deformable que compone el universo. No es fácil entender esta noción, puesto que parece ir en contra de nuestros sentidos. De hecho, tuvieron que pasar varios años para que algunos físicos terminaran por sumarse a esta idea. Albert Einstein ilustra esta teoría con mucho humor: «Pon tu mano en una estufa durante un minuto y te parecerá una hora. Siéntate al lado de una chica bonita durante una hora y te parecerá que ha pasado un minuto. Eso es la relatividad».

En el marco de esta teoría de la relatividad especial, se expone la famosa ecuación $E = mc^2$, en la que E simboliza la energía, m la masa y c la velocidad de la luz, es decir, 3,00 X 10^8 metros/segundo. Así, demuestra que al «romper» un átomo, se obtiene bastante más energía. Esta ecuación se utiliza en especial para calcular la cantidad de energía producida si convertimos un trozo de materia en radiación electromagnética. Por lo tanto, se empleó para desarrollar la fisión nuclear, que derivó en la creación de la bomba atómica. Como consecuencia de la alta velocidad de la luz, el efecto de la masa convertida en energía es inmenso: lo cierto es que la bomba que destruyó Hiroshima no pesaba más que unas decenas de gramos y, sin embargo, causó la muerte de más de cien mil personas. Pero esto no es todo: en concreto, permitió la aparición de los escáneres PET, en los que se utiliza la radiación para obtener una imagen del interior del cuerpo.

La teoría de la relatividad general

En 1915, casi diez años después de la publicación de su teoría de la relatividad especial, Albert Einstein la completa añadiendo la noción de gravedad. Según el físico germano-suizo, la gravedad es bastante distinta a la explicación proporcionada por Newton. En efecto, para este último, la fuerza de gravedad es la que atrae a los cuerpos entre ellos y la que provoca que caigan las manzanas. Pero esta afirmación no explica la manera en la que esta fuerza actúa para atraer a los cuerpos entre sí. Además, Newton imagina que ambos cuerpos se desplazan en el vacío, por lo que se muestra incapaz de ofrecer una respuesta acerca de la naturaleza del espacio.

En 1865, la teoría del electromagnetismo de James Clerk Maxwell (físico escocés, 1831-1879) aporta algunas respuestas a los numerosos interrogantes que deja la concepción newtoniana. El físico escocés emite la hipótesis de que la propagación de la luz, que se efectúa a una velocidad constante, se debe a ondas eléctricas y magnéticas que conforman el campo electromagnético. James Clerk Maxwell descubre la existencia de este campo e imagina que una sustancia fluida inmaterial, llamada éter, rellena el espacio y constituye el soporte obligatorio para la propagación de las ondas electromagnéticas.

Albert Einstein, fascinado desde su niñez por la electricidad, en seguida muestra interés por la teoría del campo electromagnético tal y como la expone James Clerk Maxwell. Está convencido de que también existe un campo gravitatorio y, tras varios años de investigaciones, el físico emite la hipótesis de que el campo gravitatorio no está extendido por el espacio, sino que el propio campo constituye el espacio. En otras palabras, Albert Einstein sintetiza el espacio newtoniano, en el que los cuerpos se desplazan, y el campo constituido por ondas de James Clerk Maxwell.

Este descubrimiento es importante, puesto que revoluciona la visión del mundo y del espacio, y además permite explicar de una manera bastante simple el número de fenómenos naturales que todavía están por resolver. En efecto, para Albert Einstein, el espacio-tiempo es un compuesto material que es flexible: puede ondularse, dilatarse o torcerse. Esta idea permite comprender, por ejemplo, la razón por la que la Tierra se ve atraída hacia el Sol: este astro enorme arquea el espacio, y nuestro planeta simplemente sigue la inclinación, como una canica en un embudo. Este arco permite explicar la razón por la que los planetas giran alrededor de una estrella.

La estructura del espacio y el movimiento de la Tierra alrededor del Sol

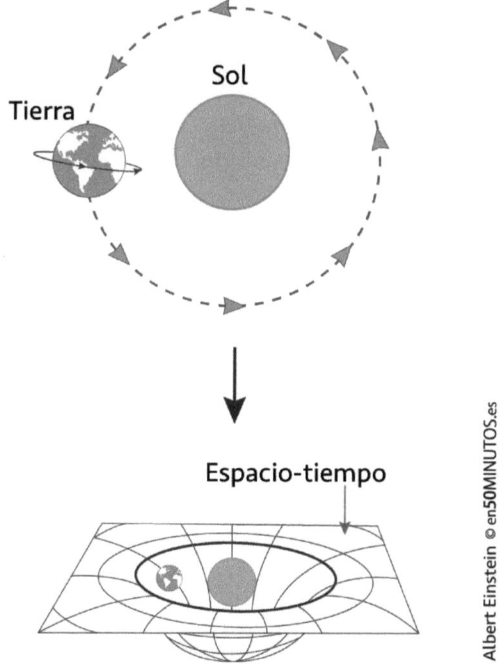

UNA DECONSTRUCCIÓN QUE AFECTA A OTRAS DISCIPLINAS

La destrucción del sistema de referencia tradicional del espacio-tiempo que lleva a cabo Albert Einstein no solo convierte al físico en una celebridad para sus iguales, sino también para el público general. Varios artistas se ven influidos por esta deconstrucción y trabajan sobre el espacio y el tiempo en su obra. Citaremos, por ejemplo, al pintor Pablo Picasso (1881-1973) y la deconstrucción del espacio pictórico con el cubismo, o al compositor austriaco Arnold Schönberg (1874-1951), que se centra en el compás y en la armonía en la música; para acabar, podemos evocar también al filósofo y psicólogo francés Henri Bergson (1859-1941), que emite la idea de la subjetividad de la duración.

La naturaleza ondulatoria y corpuscular de la luz

Aunque la teoría sobre la naturaleza corpuscular de la luz de Albert Einstein es menos conocida que sus trabajos sobre la relatividad especial y general, lo cierto es que le permite obtener el mayor galardón posible para un científico: el Premio Nobel de Física de 1921.

En 1905, Albert Einstein muestra interés por un debate que divide a la comunidad científica desde hace varias décadas: ¿cuál es la naturaleza de la luz? ¿Se compone de ondas o de partículas? Los dos bandos se apoyan en las investigaciones de dos grandes científicos del siglo XVII: el holandés Christiaan Huygens (1629-1695) y el inglés Isaac Newton. El primero propone una teoría ondulatoria de la luz, mientras que para el segundo, la luz tiene una naturaleza corpuscular, es decir, estaría compuesta por pequeñas partículas. Tanto los límites de la investigación de Christiaan Huygens como el gran prestigio del que goza Isaac Newton impondrán la segunda teoría, que no se pone en entredicho durante dos siglos.

Sin embargo, en el siglo XIX, varios físicos, entre los que se encuentra el francés Augustin Fresnel (1788-1827), fundador de la óptica moderna, y el británico Thomas Young (1773-1829), vuelven a centrarse en la cuestión. Sus experiencias demuestran que la difracción de la luz genera interferencias comparables a las ondas del agua. En otras palabras, estos dos científicos se suman a la teoría ondulatoria de Christiaan Huygens. En 1850, el físico Léon Foucault (1819-1868) llega incluso a calcular la velocidad de propagación de las ondas que componen la luz. La teoría de la naturaleza ondulatoria de la luz gana la partida, al menos hasta la llegada de Albert Einstein.

En 1905, este último sorprende a los científicos afirmando que ni Christiaan Huygens, ni Isaac Newton estaban equivocados. En efecto, Albert Einstein explica que la luz tiene una doble naturaleza: es ondulatoria y, a la vez, está compuesta por pequeños granos luminosos de energía, a los que llama cuantos luminosos, conocidos en la actualidad como fotones. El físico también establece una relación entre la frecuencia v (la letra «nu» del alfabeto griego) de la luz y la energía E de los fotones gracias a la relación de Planck (h), que equivale a $6{,}626 \times 10^{-34}$ julios/segundo. Esta relación se conoce como Planck-Einstein:

$$E = h \cdot v$$

Esta dualidad ondulatoria-corpuscular de la luz está ampliamente aceptada por los científicos del mundo entero.

...PERO TAMBIÉN UN HOMBRE COMPROMETIDO

Ya en el siglo XVI, el humanista francés François Rabelais (1483-1553) escribe que «ciencia sin conciencia solo es la ruina del alma». Esta bonita frase, que está más de actualidad que nunca, sirve para elaborar un buen resumen de la trayectoria de Albert Einstein. En efecto, el físico no se contenta con observar y conceptualizar fenómenos físicos. También sigue de cerca los problemas políticos de su época y se compromete con varias causas que considera importantes.

Einstein y Alemania

Debemos señalar que la identidad y la historia personal de Albert Einstein coinciden con las grandes problemáticas del siglo XX. El joven Albert, alemán y judío laico, sufre rechazo desde su más tierna infancia en una sociedad presa del nacionalismo. De hecho, a los 16 años, renunciará a su ciudadanía alemana por estar en desacuerdo con la política que su país aplica. A pesar de todo, sigue estando unido a su patria de origen y su puesto de director del Instituto Kaiser Wilhelm de Física en Berlín le ofrece la posibilidad de tomarse una revancha personal.

Cuando estalla la Primera Guerra Mundial, Albert Einstein constata horrorizado que el nacionalismo y el odio no solo se gestan en el pueblo, sino que muchos de sus colegas y de sus alumnos se precipitan en esta histeria colectiva. Así, cuando Alemania invade Bélgica, a pesar de la neutralidad de esta última, y comete una gran cantidad de abusos criticados, noventa y tres intelectuales alemanes cogen la pluma para firmar un manifiesto en el que muestran su apoyo al káiser Guillermo II (1859-1941). Albert Einstein, pacifista convencido, se niega categóricamente a firmar este manifiesto; muchos alemanes ven este gesto como una traición.

Después de la guerra, forma parte de la Liga Alemana de los Derechos Humanos y trabaja para el acercamiento entre Francia y Alemania. Sin embargo, el auge del nazismo rompe bruscamente las negociaciones. Cuando Adolf Hitler llega al poder, Einstein es perseguido, y sus trabajos se describen como «física judía». Científicos eminentes piden entonces que sus teorías desaparezcan de los libros de física. Todo contribuye a crear un marco en el que se ve obligado a huir de su país.

Albert Einstein jamás perdonará a Alemania el Holocausto y la exterminación de seis millones de judíos, y ya hasta el fin de sus días no querrá que lo asocien a este país. Sin embargo, sigue estando imbuido de cultura alemana: nunca logrará dominar a la perfección la lengua de Shakespeare y no llegará a acostumbrarse a la cultura anglosajona.

Un sionista razonado

El nacionalismo y el regusto amargo que deja la derrota de 1918 llevan a Alemania a buscar una cabeza de turco en el pueblo judío. En ese mismo momento, asistimos a una llegada masiva de judíos procedentes del este de Europa, perseguidos por los pogromos. Tanto los alemanes como algunas otras naciones no reciben nada bien a los judíos.

Frente a esta situación, Albert Einstein considera que es fundamental que los judíos dispongan de una tierra de acogida y se compromete de lleno con este proyecto. A ese respecto, contribuye activamente en la fundación de Universidad Hebrea de Jerusalén, llevando a cabo colectas de fondos en los Estados Unidos.

No obstante, Albert Einstein está lejos de ser un sionista radical. Los extremistas consideran que la tierra de Israel pertenece a los judíos, en perjuicio de los palestinos. De hecho, el físico insiste reiteradamente en la necesidad de abrir un diálogo entre las dos comunidades para encontrar una solución que les permita vivir en armonía. Por lo tanto, se posiciona a favor de una tierra de acogida judía, en asociación con los palestinos, pero no a favor de que se cree un Estado judío.

EINSTEIN, ¿PRESIDENTE DEL RECIÉN CREADO ESTADO DE ISRAEL?

Cuando fallece en 1952 el primer presidente israelí, Chaïm Weizmann, se propone el puesto a Albert Einstein, que prefiere declinar la oferta, tomando como argumento su ingenuidad en política. El científico afirmará: «Las ecuaciones son para mí más importantes que la política, puesto que la política se ocupa del presente; una ecuación, de la eternidad»[1] (Hawking 2005, 235).

---

1. Cita traducida por 50Minutos.es

La bomba atómica

A menudo caemos en el error de considerar que Albert Einstein es el padre de la bomba atómica. Aunque efectivamente desempeñó un papel en el nacimiento de esta arma de destrucción masiva, no es su creador.

Con la llegada de Adolf Hitler al poder, muchos científicos europeos se ven obligados a huir del Viejo Continente para refugiarse en los Estados Unidos. Esta comunidad, traumatizada por los horrores nazis, teme que Alemania acabe desarrollando un arma de destrucción masiva, la bomba atómica. En ese momento, dos físicos, Albert Einstein y Leo Szilard (1898-1964), redactan una carta en la que urgen al presidente Franklin Roosevelt que se adelante a los nazis y que inicie las investigaciones sobre la fisión nuclear. Así nace en 1942 el proyecto «Manhattan», entonces clasificado como secreto de defensa. Albert Einstein no participa en él, pero se usará mucho su fórmula $E = mc^2$ para transformar una masa en energía. Los investigadores estadounidenses llegan a confeccionar con bastante rapidez una bomba atómica, que se lanzará sobre Hiroshima y Nagasaki y que pondrá punto final a la Segunda Guerra Mundial.

Albert Einstein no se perdonará jamás haber dado a luz a un monstruo de este calibre y pasará el resto de su vida militando a favor de que se instaure un órgano internacional que controle la energía atómica. En 1968, ciento ochenta y nueve países ratificarán un tratado multilateral sobre la no proliferación de las armas nucleares que entrará en vigor en 1970, pero Einstein jamás lo sabrá.

REPERCUSIONES

NUEVAS PERSPECTIVAS PARA LA FÍSICA

La mayor repercusión de los trabajos de Einstein es, por supuesto, el desarrollo de una física tan moderna que algunas de sus hipótesis apenas acaban de confirmarse. Varias teorías, como la existencia de agujeros negros o la creación del universo a partir del Big Bang, parecieron tan excéntricas a los científicos de la época que no se tomaron en serio cuando se presentaron. Solo han podido ser probadas y demostradas con el desarrollo de nuevas técnicas científicas, por lo que han pasado del ámbito de la ciencia ficción al de la realidad científica.

Por ejemplo, Albert Einstein afirmó en vida que existían agujeros negros y puso a punto una teoría que muchos consideraban casi tocante al esoterismo. El físico consideraba que cuando una estrella se apaga, lo que queda de ella ya no está sostenido por el calor y, por lo tanto, el astro se derrumba sobre su propio peso hasta arquear el espacio y hacer un agujero. Habrá que esperar hasta 1971 para que un satélite estadounidense de la NASA capte el rayo x cygnus x-1, y demuestre así la veracidad de la existencia de los agujeros negros.

De la misma manera, las ecuaciones de Albert Einstein lo llevaron a afirmar que el universo está en expansión, y que solo una explosión pudo generar este impulso: es el principio de la teoría del Big Bang, que desarrolla el belga Georges Lemaître en 1931.

Pero ahí no acaba la cosa. El 14 de septiembre de 2015, científicos estadounidenses lograron demostrar la existencia de ondas gravitatorias, algo que predijo Albert Einstein medio siglo antes en su teoría de la gravedad general. En efecto, este último afirmaba que el universo estaba compuesto por una matriz, el espacio-tiempo, que podía deformarse y crear de esta manera vibraciones, llamadas ondas gravitatorias. Estas ondas, teorizadas en 1916, nunca habían sido detectadas directamente antes de que ese 14 de septiembre de 2015 las captasen dos interferómetros (aparatos que miden las distancias gracias a interferencias luminosas) situados en los dos extremos de los Estados Unidos tras la colisión de dos agujeros negros situados a años luz de la Tierra. Para ello, hubo que trabajar durante décadas para desarrollar captores lo bastante eficaces como para interceptar las ondas gravitatorias, que pueden confundirse con ciertos movimientos sísmicos de nuestro planeta. Este descubrimiento excepcional demuestra una vez más la veracidad de las teorías de Albert Einstein y abre nuevas perspectivas a los astrofísicos. En efecto, hasta ahora, los astrónomos solo utilizaban la luz, de la que explotaban las longitudes de onda del espectro para comprender los distintos fenómenos del universo. Gracias a las ondas gravitatorias, en un futuro cercano, será posible explorar fenómenos que no son accesibles a la luz, como el núcleo de una estrella masiva moribunda, por ejemplo. Nadie duda que las ondas gravitatorias todavía no han generado su último titular...

UN FÍSICO QUE TODAVÍA ESTÁ OMNIPRESENTE

Albert Einstein sigue estando omnipresente en el

ámbito científico. Por ejemplo, existe una unidad de medida llamada Einstein, que sirve para designar la energía de un mol de fotones, las partículas cuya existencia atestiguó el físico en 1905. Además, da nombre a un elemento químico de la tabla periódica, el einstenio, un metal blanco radiactivo. Para acabar, cada 14 de marzo, el día en el que nació Albert Einstein, los científicos del mundo entero celebran el día del número . Aunque no exista ningún vínculo entre este número y la obra de Albert Einstein, la elección de la fecha de cumpleaños del físico demuestra su importancia para la comunidad científica.

EN RESUMEN

- Albert Einstein nace en 1879 en Ulm y sus padres son de origen judío. Ya desde muy joven se rebela contra el nacionalismo y el antisemitismo de su país natal. Al no aceptar las medidas que toma Alemania, decide renunciar a su nacionalidad y convertirse en apátrida a los 16 años. Tras haber efectuado estudios en Suiza, adquiere la nacionalidad suiza en 1901, antes de abrazar la ciudadanía estadounidense en 1940.

- En 1896, estudia física en la Escuela Politécnica de Zúrich, donde conoce a su futura mujer, Mileva Maric. Se casan en 1904 y tienen tres hijos, entre los que se encuentra una niña que desaparece misteriosamente en Serbia.

- El año 1905 es fabuloso para Albert Einstein: redacta varios artículos para la revista *Annalen der Physik*, en los que presenta teorías extremadamente innovadoras. La teoría de la relatividad especial dinamita la idea de un sistema de referencia único para el espacio y el tiempo. Durante sus investigaciones sobre el tema, pone a punto su célebre ecuación $E = mc^2$.

- Estos artículos le granjean el reconocimiento de sus iguales. Viaja a todos los rincones del mundo y enseña sucesivamente en la Universidad Alemana de Praga, en Zúrich y en Berlín.

- En 1915, Albert Einstein completa su teoría de la relatividad especial con la teoría general, sumándole la gravedad. De alguna manera, fusiona la teoría de la relatividad de Isaac Newton y la del electromagnetismo de James Clerk Maxwell: el universo y el campo electromagnético son uno, y este último puede dilatarse y deformarse, con un impacto parecido en el espacio-tiempo.

- Albert Einstein, de origen judío aunque no es practicante, se compromete para la creación de la Universidad Hebrea de Jerusalén, que ve la luz en 1918. El científico también milita para la fundación de una tierra de Israel, pero alerta sobre las consecuencias de un Estado construido en detrimento del pueblo palestino. De hecho, rechaza la presidencia el joven Estado en 1952.
- En 1921, obtiene el máximo galardón, el Premio Nobel de Física, por su trabajo sobre el efecto fotoeléctrico, menos subversivo que la teoría de la relatividad.
- En 1933, el científico abandona Europa a causa de la amenaza nazi y se instala en Bélgica y, más tarde, en Princeton, en Estado Unidos. Traumatizado por los acontecimientos que estremecen al Viejo Continente, redacta una carta a la atención del presidente Franklin Roosevelt en la que le urge a que desarrolle la fisión nuclear. Poco después, nace el proyecto «Manhattan», que terminará con el bombardeo de Hiroshima y de Nagasaki en 1945.
- Albert Einstein fallece en 1955 en Princeton.

FUENTES BIBLIOGRÁFICAS

- Galison, Peter. 2005. *L'empire du temps. Les horloges d'Einstein et les cartes de Poincaré*. París: Folio essais.
- Hawking, Stephen. 2005. *Une belle histoire du temps*. París: Flammarion.
- Lacayo, Richard. 2011. *Albert Einstein: the enduring legacy of a modern genius*. Nueva York: Time to explore.
- Le Soir mag. 2015. "L'extraordinaire saga du cerveau d'Einstein". *Le Soir mag*. 7 de diciembre. Consultado el 23 de diciembre de 2016. http://www.lesoir.be/1060561/article/soirmag/soirmag-histoire/2015%E2%80%9112%E2%80%9103/l-extraordinaire-saga-du-cerveau-d-einstein
- Maier, Corinne y Anne Simon. 2015. *Einstein*. París: Dargaud.
- Rovelli, Carlo. 2015. *Sept brèves leçons de physique*. París: Odile Jacob.

FUENTES COMPLEMENTARIAS

- Balibar, Françoise, ed. 2002. *Albert Einstein: physique, philosophie, politique*. París: Seuil.
- Einstein, Albert y Leopold Infeld. 1993. *L'évolution des idées en physique*. París: Flammarion.
- Einstein, Albert. 2009. *Comment je vois le monde*. París: Flammarion.
- Klein, Étienne. 2008. *Il était sept fois la révolution: Albert Einstein et les autres*. París: Flammarion.

FUENTES ICONOGRÁFICAS

- Einstein fotografiado mientras daba una clase en Viena, en 1921. La imagen reproducida está libre de derechos.
- Albert Einstein (de pie, a la derecha) en la Cumbre de Física de 1911. Foto tomada por Benjamin Couprie. La imagen reproducida está libre de derechos.
- Bomba atómica que explotó sobre Nagasaki, el 9 de agosto de 1945. La imagen reproducida está libre de derechos.

DOCUMENTAL

- *Albert Einstein. Portrait d'un rebelle.* Dirigido por Sylvia Strasser y Wolfgang Würker. Alemania: 2015.